毎日かんさつ！ ぐんぐんそだつ

はじめての やさいづくり

❻ ヘチマ・ゴーヤをそだてよう

監修：塚越 覚
（千葉大学環境健康フィールド科学センター准教授）

毎日かんさつして、せわをしよう。
虫やかれたはっぱは、
すぐにとりのぞくのじゃ

うえてから
8〜9
週間くらい

うえてから
10〜16
週間くらい

みを
はさみで
1つずつ
切ろう

虫が少ないときは
受粉させて
みよう

200cmくらい

黄色い花が
たくさん
さいたね

200cmくらい

みが大きく
なった!

花がさいた

▶20ページを見よう

しゅうかくしよう

▶24ページを見よう

4

ヘチマがそだつまで

どんなふうにそだつのかな？　どんなせわをするといいのかな？

| スタート！
1日目（にちめ） | ···> | うえてすぐ～
2週間（しゅうかん）
くらい | ···> | うえてから
4週間（しゅうかん）
くらい | ··· |

くきがのびて
きたね

いちばん太（ふと）いくきは
「親（おや）づる」と
いうんだね

←しちゅう

←ネット

子（こ）づるが成長（せいちょう）
するように、
いちばん太（ふと）いくき
（親（おや）づる）を切ろう

はっぱやくきは
どんなようすかな

くきが上（うえ）にのびるように、
しちゅうを立（た）てて
ネットをはろう

80～100cm くらい

50～70cm くらい

ポットに入（はい）ったなえを
花（か）だんやはたけに
うえかえよう

くきがのび
はじめたら
ひりょうを
やろう

20～30cm くらい

なえをうえよう	ネットをはろう	くきをととのえよう
▶12ページを見（み）よう	▶16ページを見（み）よう	▶18ページを見（み）よう

ヘチマ・ゴーヤをそだてるには、どんなじゅんびがいるのかな？

ヘチマとゴーヤは
花だんや地面に
うえるぞ

ヘチマのなえ
ヘチマ

たねからそだてて、少し
そだったもの。

ゴーヤのなえ
ゴーヤ

たねからそだてて、少し
そだったもの。

スコップ
ヘチマ　ゴーヤ

土をすくうのにつかう。

じょうろ
ヘチマ　ゴーヤ

水やりにつかう。ペットボ
トルのふたに、小さなあな
をあけたものでもいいよ。

ひりょう・
たいひ
ヘチマ　ゴーヤ

ひりょうは土にまくやさい
のえいよう。たいひは土を
ふかふかにしてくれるよ。

しちゅう

せが高くのびるやさいを
そだてるときにつかう。
ヘチマでは150～200
cmくらい、ゴーヤでは
150～180cmくらいの
ものがいい。

なえや道具は、
ホームセンターなど
で手に入るぞ

ひも

ゴーヤのくきや、ネット
をしちゅうにむすびつけ
るのにつかう。

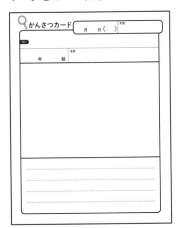

ネット

ヘチマやゴーヤのつる
をからませてそだてる
のにつかう。

かんさつのじゅんびもわすれずに

●かんさつカード

さいしょはメモ用紙にか
いてもいいね。

かんさつカード
月　日（　）　天気

年　組　名前

●ひっきようぐ

絵をかくための色えんぴ
つも用意しよう。

●じょうぎやメジャー

長さや大きさをはかるの
につかう。虫めがねもあ
るといいね。

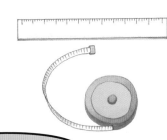

外から帰ったら手あらい、
うがいをわすれずに!

この本のさいごにあるので、コピーしてつかおう。

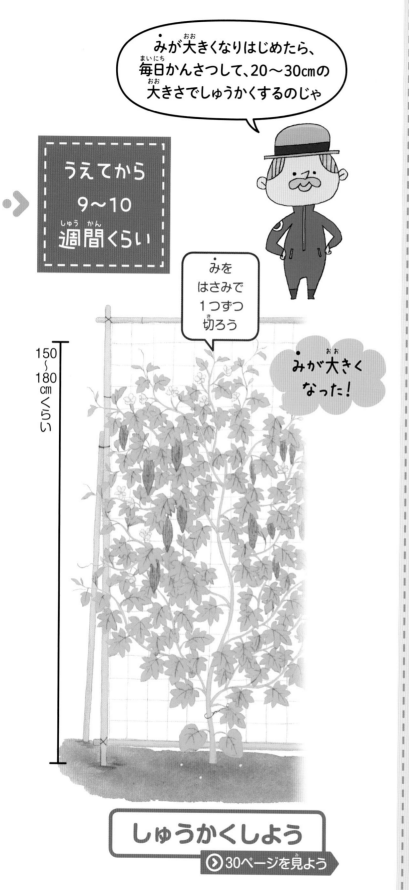

みが大きくなりはじめたら、毎日かんさつして、20〜30㎝の大きさでしゅうかくするのじゃ

うえてから
9〜10
週間くらい

みをはさみで1つずつ切ろう

みが大きくなった！

150〜180㎝くらい

しゅうかくしよう
▶30ページを見よう

おぼえておこう！

植物の部分の名前

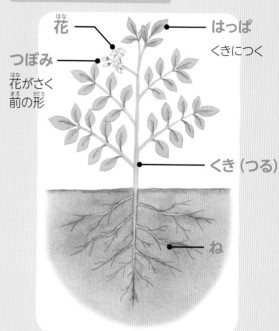

花　はっぱ　くきにつく
つぼみ　花がさく前の形
くき（つる）
ね

花の部分の名前

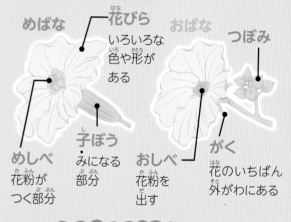

めばな　花びら　いろいろな色や形がある　おばな　つぼみ
めしべ　花粉がつく部分　子ぼう　みになる部分　おしべ　花粉を出す　がく　花のいちばん外がわにある

くらべてみよう！

花びら　がく　がく

アサガオの花　ヒマワリの花

6

ゴーヤがそだつまで

どんなふうにそだつのかな？　どんなせわをするといいのかな？

スタート！
1日目～
2週間くらい

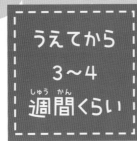

うえてから
3〜4
週間くらい

うえてから
7週間
くらい

黄色い花が
たくさん
さいたね

はっぱやくきは
どんなようすかな？

ぎざぎざの
はっぱが12まい
くらい生えたね

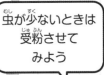

虫が少ないときは
受粉させて
みよう

つるが成長
するように、
いちばん太いくき
（親づる）を切ろう

くきが上に
のびるように、
しちゅうを立てて
ネットをはろう

●しちゅう
●ネット

15
〜30
cm
くらい

ポットのなえを
花だんやはたけに
うえかえよう

60
〜80
cm
くらい

くきがのび
はじめたら
ひりょうを
やろう

80
〜100
cm
くらい

なえをうえよう
▶28ページを見よう

くきをととのえよう
▶29ページを見よう

花がさいた
▶30ページを見よう

5

この本のつかい方

この本では、ヘチマ・ゴーヤのそだて方と、かんさつの方法をしょうかいしています。

● ヘチマ・ゴーヤがそだつまで：そだて方のながれやポイントがひと目でわかるよ。

この本のさいしょ（3ページから6ページ）にある、よこに長いページだよ。

● ヘチマをそだてよう：そだて方やかんさつのポイントをくわしく説明しているよ。

かんさつ名人のページ

やさいをそだてるときに、どこを見ればいいか教えてくれるよ。

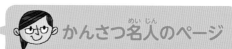

やさい名人のページ

やさいをそだてるときのポイントや、しっぱいしないコツを教えてくれるよ。

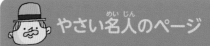

うえてからの日数
だいたいの目やす。天気や気温などで、かわることもあるよ。

かんさつカードをかくときの参考にしよう。

かんさつポイント
かんさつするときに参考にしよう。

ヘチマのしゃしん
なえやくき、はっぱ、花、みのようすを、大きな写真でかくにんしよう。

そだて方の説明

もくじ

何をそだてるかきめた？ ★ヘチマをそだてよう！のまき★ ……………… 表紙うら

ヘチマ・ゴーヤをそだてるには、どんなじゅんびがいるのかな？ ……… 2

ヘチマがそだつまで …………………………………………………… 3

ゴーヤがそだつまで …………………………………………………… 5

この本のつかい方 ……………………………………………………… 8

どんなせわをすればいいのかな？ …………………………………… 10

ヘチマをそだてよう

1日目　なえをうえよう ………………………………………………… 12

　　かんさつカードをかこう …………………………………………… 13

　　なえのうえ方 ………………………………………………………… 14

うえてすぐ〜2週間くらい　ネットをはろう ………………………… 16

　　ネットのはり方 ……………………………………………………… 17

うえてから4週間くらい　くきをととのえよう ……………………… 18

　　くきのととのえ方とひりょうのやり方 …………………………… 19

うえてから8〜9週間くらい　花がさいた！ ………………………… 20

　　受粉のさせ方 ……………………………………………………… 21

　　花をかんさつしてみよう …………………………………………… 22

うえてから10〜16週間くらい　しゅうかくしよう ………………… 24

　　しゅうかくの仕方 …………………………………………………… 25

もっと教えて　やさい名人①　ヘチマのたねをとってみよう ……… 26

もっと教えて　やさい名人②　ヘチマたわしにチャレンジ！ ……… 27

ゴーヤをそだてよう ……………………………………………… 28

すぐできる！　やさいパーティのレシピ　ゴーヤとパインのレアチーズケーキ … 32

　　　　　　　　　　　　　　　　　　　ゴーヤやきドーナツ ……… 34

ヘチマってどんなやさい？ …………………………………………… 36

ゴーヤってどんなやさい？ …………………………………………… 37

たすけて！　やさい名人　こんなとき、どうするの？ ……………… 38

おしえて！　かんさつカードのかき方 ………………………… うら表紙うら

どんなせわをすれば いいのかな？ ヘチマ ゴーヤ

ヘチマ・ゴーヤをそだてるときにすることを頭に入れておこう。

毎日ようすを見る

● 土がかわいていたり、はっぱが ぐったりしていたら、水をやる
● 虫やざっ草、かれたはっぱを 見つけたら、とりのぞく

虫はいない？

はっぱの 色がかわったり かれたり していない？

ぐったりして いない？

ざっ草は はえていない？

土はかわいて いない？

夏になるまでは、 土のひょうめんが かわいているときだけ 水をやるぞ

水をやる

● 土を見て、ひょうめんがかわいていたらたっぷりやる
● そだちざかりの夏は、水をたくさん必要とするので、 朝と夕方の2回すずしいときにやる
● はっぱがぐったりしていたら、すぐに水をやる
● はっぱやくきにかからないようにする

しちゅうを立て、ネットをはる

● たおれないように、ささえるぼうが「しちゅう」
● しちゅうを立てて
　ネットをはったら
　くきをネットに
　からめる
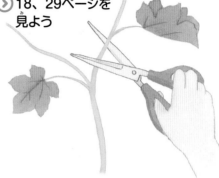
❯ 16、28ページを見よう

くきをととのえる

● いちばん太いくき（親づる）の
　先を切る
❯ 18、29ページを
　見よう

ひりょうをまく

● 土にまく、やさいの
　えいようが「ひりょう」
● うえてから1か月くらいしたら、
　ひりょうをまく
● みが大きくなりはじめたら、
　2～3週間に1回ひりょうをまく
❯ 19、29ページを見よう

せわをするときに気をつけること

**よごれてもいい
ふくをきよう**

土や植物にさわるので、
よごれてしまうことがあ
ります。

**おわったら
手をあらおう**

土がついていなくて
も、せわをしたら手を
よくあらいましょう。

小さなポットに入ったヘチマのなえを、日当たりの
よい、花だんやはたけにうえかえます。くきやはっ
ぱのようすを、しっかりかんさつしましょう。

なえをうえよう

くきの長さを
はかってみよう

くき

はっぱ

下の2まいは
さいしょに出たはっぱで
「子葉」というよ。
ほかの上のはっぱは
「本葉」というよ

くきの太さは
どうかな？

はっぱは
どんな形かな？

はっぱ

12

かんさつカードをかこう

気がついたことや気になったことを、どんどん
かきこもう。

かんさつのポイント

① じっくり見る　大きさ、色、形などをよく見よう。はっぱはどんな色で何まいある?

② 体ぜんたいでかんじる　くきやはっぱは、つるつるしているかな、ざらざらかな?　さわったり、かおりをかいだりしてみよう。

③ くらべる　きのうとくらべてどこがちがう?　友だちのヘチマともくらべてみよう。

だい

見たことやしたことを、みじかくかこう。

絵

はっぱはどんな形で、どんな色をしているかなど、「かんさつポイント」を参考にしながら絵をかこう。気になったところを大きくかいてもいいね。

かんさつ文

その日にしたことや、かんさつしたことをつぎの順番でかいてみよう。

はじめ	その日のようす、したこと
なか	かんさつして気づいたこと、わかったこと
おわり	思ったこと、気もち

この本のさいごに「かんさつカード」があります。
コピーしてつかおう。

かんさつカード　5月20日(水)　天気 はれ

だい ヘチマをうえたよ

2 年 1 組　名前 土谷ガク

ヘチマのなえを花だんにうえました。なえの下には丸いはっぱがついて、上にはぎざぎざのはっぱがついていました。くきの先は細くて、やわらかったです。どのくらいのびるのかな。

なえのうえ方

ここでは、花だんやはたけなどの、地面にうえる方法を
しょうかいします。土のじゅんびは1か月前に行いましょう。

1 土のじゅんびをする

なえをうえる場所に、スコップを
つかってあなをほります。あなに
ひりょうとたいひを入れたら、土
をかぶせておきましょう。

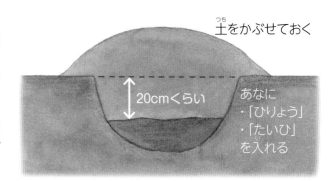

土をかぶせておく

20cmくらい

あなに
・「ひりょう」
・「たいひ」
を入れる

2 あなをほる

スコップをつかって、なえを入れ
るあなをほります。うえたなえが、
土と同じ高さになるくらいほると
いいでしょう。

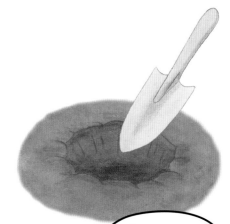

3 ポットからなえを出す

左手でポットをもち、右手でなえをうけとります。
なえがおれないように、そっととり出します。

土をくずすと、
ねがいたむぞ。
ねをさわらない
ようにしよう

右手のゆびで
くきのねもと
をはさむ

ゆっくり
ひっくりかえす

そっと
とり出す

4 まん中に なえをおき、 さらに土を入れる

あなの中に、なえがまっすぐに立つようにおき、まわりにスコップで土を入れます。2つ以上のなえをうえる場合は、90cmくらいはなしましょう。

土の高さをそろえる

なえとまわりの土がたいらになるようにしよう。でこぼこがあると、水をやったときに水たまりになって、うまく水がいきわたらないよ。

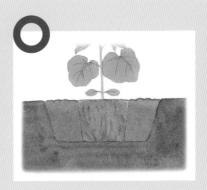

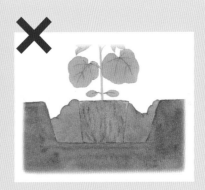

5 水をやる

じょうろに水を入れて、はっぱやくきにかからないように気をつけながら土の上にかけます。たっぷりかけましょう。

ネットをはろう

くきがのびて、細いまきひげが出(で)てきたら、なえのそばにネットをはります。「まきひげ」はネットにまきついて、くきをささえます。

くきは何(なん)cmになったかな?

まきひげは
のびちぢみするから、
強(つよ)い風(かぜ)でもくきを
ささえるんじゃ

まきひげ

ネット

くき

まきひげは
どんな形(かたち)かな?

しちゅう

はっぱ

ネットにからむ
まきひげ

16

ネットのはり方

しちゅうを立てて、ネットをはります。
それぞれをひもでむすびましょう。

1 土にしちゅうをさし、ネットをはる

なえのそばに2本のしちゅうを立てます。よこにしちゅうをわたして、立てたしちゅうとひもでむすびます。上と下にしちゅうをわたしたら、そこにネットをはります。

ネットがゆるまないように、30cmくらいのひもでしちゅうにむすびます。さいごに補強用のしちゅうをそえて、ひもでむすびましょう。

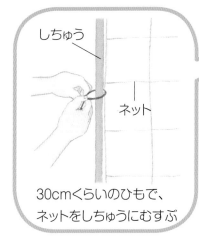

しちゅう

ネット

30cmくらいのひもで、ネットをしちゅうにむすぶ

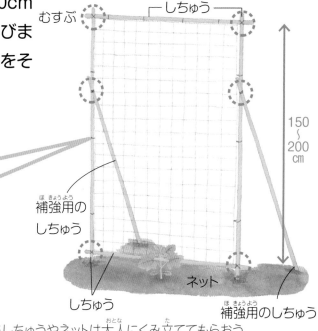

150〜200cm

むすぶ

しちゅう

150〜200cm

補強用のしちゅう

しちゅう

ネット

補強用のしちゅう

※しちゅうやネットは大人にくみ立ててもらおう

2 ネットにくきをからめる

ヘチマのくきの先をゆびでつまんで、ネットに1〜2回くぐらせます。
ヘチマのくきから生えるまきひげが、ネットにしぜんにからんで、ひもでむすばなくても上にのびます。

17

太いくきを「親づる」といいます。親づるがのびたら、先を切って成長を止めます。そうすると、子づるがのびて広がり、花やみがつきやすくなります。

くきをととのえよう

くきの高さはどのくらいかな？

下のはっぱと上のはっぱの色をくらべてみよう

花やみがたくさんつくようにつるをととのえるんだって

くきのととのえ方と ひりょうのやり方

花やみをたくさんつけるために必要なせわをしょうかいします。

くきのととのえ方

いちばん太いくき（親づる）の高さが80～100cmになったら、太いくきの先をはさみで切ります。

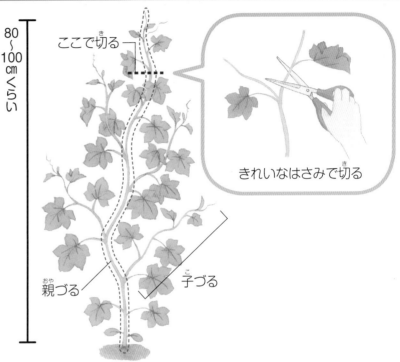

80～100cmくらい

ここで切る

きれいなはさみで切る

親づる

子づる

ひりょうのやり方

①うえて4週間くらいたって、子づるがぐんぐんのびはじめたころ、土の上にひりょうをまきます。

②水をたっぷりやります。水をかけると、えいようがとけて土にしみこみます。

ひりょうを、くきからはなしてまき、土とかるくまぜます。

みが大きくなるころにまたひりょうをやるぞ

19

花がさいた！

ヘチマは1つのかぶに、「めばな」と「おばな」がつく植物です。つぼみができて1週間くらいたつと花がさきます。

中心には何があるのかな?

花びらは何まいかな

花びら

めしべ

つぼみ

めばな

おばな

花の大きさはどのくらいかな?

つぼみ

受粉させるときはおばなの花粉が多い、朝9時までにやるといいぞ

おしべ

花びら

受粉のさせ方

花がさいたら、「めばな」をさがして受粉させます。

1 「めばな」をさがす

めばなには、花びらのねもとに、みになるふくらみがあるので、それを目じるしにさがします。おばなの数にくらべて、めばなの数はとても少ないのでよくさがしましょう。

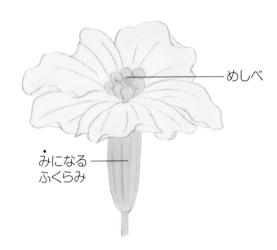

めしべ

みになるふくらみ

2 「めばな」に「おばな」の花粉をつける

おばなのおしべには、花粉という黄色いこながついています。おばなをつみとり、めばなのめしべの先に、おしべをやさしくつけます。花粉をめしべにつけて、受粉させましょう。

①おばなをゆびでつまむ

②おしべ（おばな）をめしべ（めばな）の先にそっとつける

受粉って何?

おしべ（おばな）の花粉が、めしべ（めばな）につくことを「受粉」といいます。自然の中では、ヘチマのみつにあつまってくる虫が、おばなの花粉を体につけて、めばなへとはこびます。虫が少ないときは、人の手で受粉させることもできます。受粉が行われると、みが大きくなります。

自然の中では、いろいろな虫が花粉をはこぶんだね

花をかんさつしてみよう

めばなとおばなのつぼみはどんなふにひらいて、どんな花になるのかな？　めばなとおばなのようすや、花のうつりかわりを見てみましょう。

● この時期のヘチマ

200cmくらい

めばな

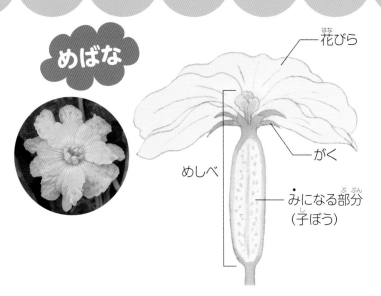

花びら

がく

めしべ

みになる部分
（子ぼう）

かんさつカードをかこう

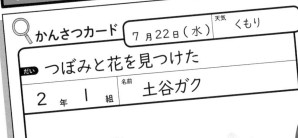

かんさつカード　7月22日（水）　天気 くもり

だい つぼみと花を見つけた

2 年 1 組　名前 土谷ガク

黄色い花が10こさきました。よく見てみると、ぜんぶがおばなでした。花は手よりも大きかったです。めばなはさいていなかったけれど、つぼみが1つありました。いつみになるかな。早く見たいな。

おばな

花びら

おしべ

がく

つぼみ

おしべに花粉がついているね。よくかんさつしよう

めばなの花の下がふくらんでみになるんだね

めばなのうつりかわり

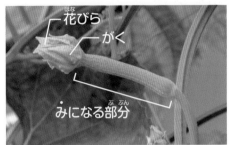
花びら
がく
みになる部分

①がくがひらいた

花びら
がく
みになる部分

②花びらがひらいた

みになる部分
花びら

③花がかれて、みがふくらんできた

み

④みがさらに大きくなった

おばなのうつりかわり

花びら
ほかのつぼみ

①がくがひらいた

花びら
おしべ

②花びらがひらいた

ほかのつぼみ
花びら

③花がかれた

おばなのつぼみが多いのは、ぜんぶのめばなに花粉がつくようにするためなんじゃ

23

しゅうかくしよう

受粉した「めばな」がかれると、みは日がたつごとに長く、太くなります。ふくらみはじめて1〜3週間の間にしゅうかくしましょう。

みの長さはどのくらいかな?

毎日かんさつすれば、すきな大きさでしゅうかくできるね

花

み

手にもつとどのくらいのおもさかな?

さわると、どんなにおいがするのかな?

みの先にかれた花がのこっている

しゅうかくの仕方

食べるなら20〜30㎝、たわしにするなら40〜50㎝で
しゅうかくしましょう。

1本ずつ手にとり、くきをはさみで切る

みをかたほうの手でもち、みの上のくきをはさみで切ります。

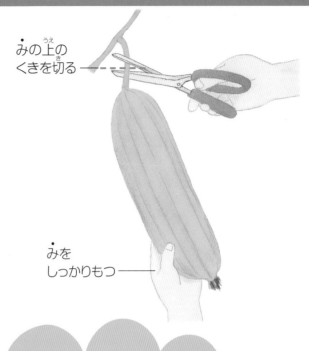

みの上のくきを切る

みをしっかりもつ

みの大きさは天気や水やりの具合でかわるんじゃ

この後、ヘチマはどうなっていくのかな？

秋のヘチマ

すずしくなりはじめたころには、下のほうのはっぱがかれている。

冬のヘチマ

さむくなると、くきやはっぱなど、全体がかれて茶色くなる。

ヘチマのたねを
とってみよう

みの成長とともに、みの中にたねができます。みがじゅくして、かわくと、黒いたねがとれます。春にこのたねを土にまけば、めが出ます。

とれたヘチマのたねは
ジッパーつきほぞんぶくろに
入れて、れいぞうこの
やさい室でほぞんするぞ

1 カラカラにかわいた茶色のヘチマをさがす。

2 みの先についた、がくの部分とめしべののこりをとりのぞく。

3 みをゆらすと、中からたねが出てくる。

ヘチマたわしに チャレンジ!

ヘチマのみはせんいが多いので、古くからたわしなどの日用品にされてきました。ヘチマたわしは、体をあらったり、おさらをあらったり、そうじにもつかえます。

1 40〜50cmの大きくてかたいヘチマをしゅうかくする。なべに入るように、ほうちょうで2〜4等分に切る。
※ほうちょうや火は、大人がいるときにつかおう

かたくなった
ヘチマをえらぶと
上手につくれるん
だって

2 なべに水をたっぷり入れてわかし、ヘチマを入れる。ヘチマがうかないように、はしでおさえながら、30分ほどゆでる。

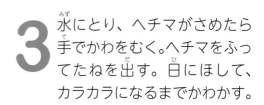

3 水にとり、ヘチマがさめたら手でかわをむく。ヘチマをふってたねを出す。日にほして、カラカラになるまでかわかす。

ゴーヤをそだてよう

ゴーヤは、ヘチマと同じなかまの植物です。5〜6月になえをうえると、7〜10月にしゅうかくできます。

スタート！
1日目〜
2週間くらい

なえをうえよう

花だんやはたけなどの、地面にうえる方法をしょうかいします。

くわしいうえ方は14〜15ページを見よう

1 あなをほり、なえをうえる

スコップで、なえの土が地面と同じ高さになるようにあなをほります。ポットからなえを出し、あなの中において土を入れたら、じょうろで水をたっぷりやります。2つ以上うえる場合は、40〜45cmくらいはなしましょう。

2 土にしちゅうをさし、ネットをはる

なえのそばに2本のしちゅうを立てます。上と下で、しちゅうを2本よこにわたして、ひもでむすび、そこにネットをはります。さいごに補強用のしちゅうをそえましょう。

ネットのはり方は16〜17ページを見よう。くわしくかいてあるよ

ネット
補強用のしちゅう
しちゅう
くきをひもでネットにむすぶ

※しちゅうやネットは大人にくみ立ててもらおう

くきをととのえよう

くきがのびてきたら、先を切って成長を止めます。花やみをつきやすくするために必要なせわです。

ここで切る

⑫ ⑪ ⑩ ⑨ 親づる ⑧ ⑦ ⑥ ⑤ ④ ③ ② 子づる 本葉 ①

1 いちばん太いくきの先を切る

いちばん太いくき（親づる）の本葉が11〜12枚になったら、くきの先をはさみで切ります。

子づるとまきひげの役わり

親づるの成長を止めると、子づるがのびて、よこに広がります。そのときに、まきひげがネットにまきついて、子づるの成長をささえます。

> ぎざぎざした形のはっぱが「本葉」。子づるは、本葉のねもとからのびるのよ

2 ひりょうを土の上にまく

うえて4週間くらいたって、子づるがぐんぐんのびはじめたころにひりょうをやります。ひりょうは2〜3週間に1回やりましょう。

くきからはなしてまいたら土とかるくまぜ、水をたっぷりやる

花がさいた

花がさいたら、めばなとおばなを
さがして受粉をさせましょう。

めばなにおばなの花粉をつける

ゴーヤは1かぶの中に、おばなとめば
ながさきます。おばなをつみ、めばな
のめしべの先に、おばなのおしべをや
さしくつけます。おしべの黄色いこな
が、めしべにつくようにしましょう。

①おばなをゆびでつまむ

②おしべ（おばな）を
めしべ（めばな）の先に
そっとつける

しゅうかくしよう

受粉から2〜3週間くらいして、
みが長く、太くなったら、しゅうか
くです。

1本ずつ手にとり、くきをはさみで切る

みは20〜30cmくらいが、食べるの
にちょうどよい大きさです。みをかた
ほうの手でもち、みの上のくきをはさ
みで切ります。

くきを切る

み

しっかり
もつ

30

花やみをかんさつしてみよう

めばながかれて、みができるようすを見てみましょう。

かんさつのポイント

1 つぼみや花をさがしてみよう

2 めばなとおばなをくらべてみよう

3 どこにみがなるかな? さがしてみよう

4 みをさわってみよう

5 かれた花がのこっているみはあるかな?

花からみになるまで

めばな / めしべ / みになる部分 / おばな / おしべ

①めばなとおばながさいた

花の下が
ふくらんでみに
なるんだね

めばなののこり / みになる部分

②花がかれた

み

③みが大きくなってきた

かんさつカードをかこう

🔍 かんさつカード	7月 3日(金)	天気 はれ

だい 小さなみがあった

2年 I組	名前 土谷ガク

花がかれたくきを見ると、少しふくらんでいました。ゆびでさわると、小さなぶつぶつがたくさんついていて、おどろきました。「大きくなるとみになる」と、ヨウタくんが教えてくれました。

やさいパーティのレシピ

しゅうかくしたゴーヤで、おいしいスイーツをつくろう！

ゴーヤとパインの レアチーズケーキ

牛乳たっぷりのチーズクリームに、
シロップづけのゴーヤをのせた
ケーキです。
＊ひやす時間はのぞく

できあがり
30分 くらい

ゴーヤは、かわをむかずに食べられるやさいだよ

よういするもの

材料（2人分）

- □ゴーヤ　たて半分に切ったものを4cm分
- □パイナップル（かんづめ）
  スライスパイナップル　1まい
  シロップ　50ミリリットル
- □クリームチーズ　50グラム
- □牛乳　100ミリリットル
- □こなゼラチン　小さじ4分の3
- □水　大さじ1
- □さとう　大さじ2
- □レモンじる　小さじ1

道具

- □計りょうカップ
- □はかり
- □計りょうスプーン（大さじ、小さじ）
- □まないた
- □ほうちょう
- □ラップフィルム
- □ボウル（電子レンジに入れられるもの）2こ
- □あわだて器
- □スプーン
- □グラス　2こ
◎あたためるときは、電子レンジ（600ワット）をつかう

つくり方

1 ゴーヤとパイナップルを切る

ゴーヤは下ごしらえをする。ほうちょうで1cmはばに切ってから、さらに2～3mmのあつさにうすく、小さく切る。パイナップルはほうちょうで1cm角に小さく切る。

うすく、小さく切るとゴーヤのにがみがやわらぐよ

2 シロップにつける

1のゴーヤとパイナップル、かんのシロップをうつわに入れてまぜる。ラップフィルムをかけて、れいぞうこでひやす。

半日くらいひやすとあじがしみるよ

3 チーズクリームをつくる

こなゼラチンに水をまぜて、10分おく。ボウルにクリームチーズを入れ、電子レンジ（600ワット）で10びょうあたためる。さとうをくわえて、あわだて器でよくまぜる。

なめらかになるまでまぜよう

べつのボウルに牛乳を入れて電子レンジ（600ワット）で1分あたためたら、ふやかしたゼラチンをくわえてとかす。

あたためた牛乳にゼラチンをそっと入れよう

ゼラチンの入った牛乳を、クリームチーズのボウルに入れ、レモンじるをくわえてまぜる。

4 チーズ生地をひやしてもりつける

3を半分ずつグラスに入れて、れいぞうこで2時間以上ひやす。かたまったら、2をスプーンでのせる。

シロップもいっしょに入れよう

ゴーヤのあつかい方

下ごしらえ 水であらい、ほうちょうでたて半分に切ったら、わたとたねをスプーンですくい出す。

切り方
細かく切るとき
1cmくらいのはばに切ってから、2～3mmあつさにうすく切る。

ほぞん 下ごしらえをして水分をふいたら、ラップフィルムでつつんで、れいぞうこに入れる。1週間くらいで食べきる。

※ほうちょうは大人がいるときにつかおう

でき あがり
20分
くらい

ゴーヤ
やきドーナツ

ゴーヤの輪切りをのせた、おどろきの
ドーナツ。朝食にするのもおすすめです。

ゴーヤは
輪切りにすると
ドーナツの形に
ぴったりだね

よういするもの

材料（2人分）
- ☐ ゴーヤ　2cm分
- ☐ ホットケーキミックス　大さじ6
- ☐ 牛乳　小さじ4
- ☐ サラダあぶら　小さじ1
- ☐ さとう　小さじ1くらい
- ☐ 手につけるこな　大さじ1くらい
  ＊ホットケーキミックスや小むぎ粉など

道具
- ☐ 計りょうスプーン　☐ アルミホイル
  （大さじ、小さじ）　（くっつかないタイプ）
- ☐ まないた
- ☐ ほうちょう
- ☐ ボウル
- ☐ ゴムべら

◎やくときは、トースター
（1000ワット）をつかう

つくり方

1 ゴーヤを切る

ゴーヤをほうちょうで1cmはばの輪切りにする。

みは少しかたいので、ほうちょうをこするようにゆっくり切ろう

わたとたねをとる。

わたとたねは、ゆびですぐにとれるよ

2 生地をつくる

ボウルにホットケーキミックス、牛乳、サラダあぶらを入れて、ゴムべらでまぜる。

こなっぽさがなくなるまでまぜよう

3 ドーナツの形にする

手にこなをつけてから、2等分した2の生地を丸めてあなをあける。

1のゴーヤをのせ、生地でくるむようにしてドーナツの形にする。

あなのまわりも生地をつけよう

4 トースターでやく

トースターの天板にアルミホイルをしき、ドーナツをならべて、トースター（1000ワット）で7分くらいやく。

やけたらさとうをまぶしてもおいしいよ

※ほうちょうは大人がいるときにつかおう

ヘチマって どんなやさい？

ヘチマとゴーヤはどこで生まれて、いつ日本に来たの？
みんなのぎもんをやさい名人に聞いてみよう。

ヘチマはどこで生まれたの？

インドや西アジアと いわれているんじゃ

インドや西アジア、アフリカなどで生まれたといわれています。インドではくすりにされていたそうです。中国の古い本には、ヘチマはやさいとして、みや花、つるが食べられていたとかかれています。みをかわかして、くつの中にしいてつかうこともあったそうです。

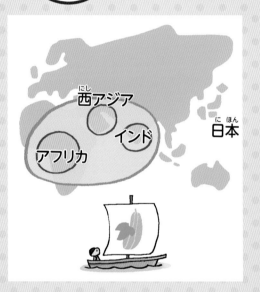

 ## いつ日本につたわったの？

江戸時代のころじゃ

ヘチマは江戸時代のころに、中国から日本へとつたえられました。ヘチマからとれるヘチマ水は、化しょう水として、江戸時代の女の人たちに人気がありました。

ヘチマは食べられるの？

もちろん食べられるぞ！

早めにしゅうかくした、やわらかいみは、食べられます。とくに沖縄県や九州地方の一部では、夏のやさいとしてよく食べられています。いためものや、にものにしたり、みそしるに入れたりして食べます。ヘチマ、とうふ、ぶた肉をいためて、みそであじをつけた「ナーベラーンブシー」は、沖縄県に伝わる有名な伝統料理です。また、鹿児島県では、いためたヘチマとそうめんをまぜる「ヘチマそうめん」が知られています。

ナーベラーンブシー

ヘチマのみそしる

ヘチマのみそいため

ゴーヤってどんなやさい？

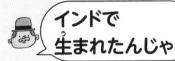
ゴーヤってどこで生まれたの？

インドで生まれたんじゃ

インドで生まれて東南アジアや中国につたわり、そこから、日本につたわったといわれています。沖縄県でさかんにそだてられてきたやさいです。

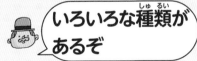
ゴーヤに種類はあるのかな？

いろいろな種類があるぞ

みどり色の細長い「中長ゴーヤ」、白くて、ひょうめんのいぼが丸い「白ゴーヤ」など、いろいろな種類があります。

ゴーヤはどうしてにがいの？

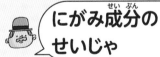
にがみ成分のせいじゃ

ゴーヤは「ニガウリ」といわれるとおり、にがいあじのやさいです。このにがみの正体は、「モモルデシン」という成分です。水にさらしたり、小さく切ると、にがみを感じにくくなります。

たすけて！やさい名人

こんなとき、どうするの？

そだてているヘチマやゴーヤのようすがおかしいと思ったら、すぐに手当てをしましょう。

こまった！ 1　ヘチマ ゴーヤ

小さな虫がいっぱいついている！

アブラムシかもしれません。

生えたばかりのはっぱのあたりに、小さな虫がびっしりついていたら、それはアブラムシです。病気をうつすこともあるので、見つけたらすぐにとりのぞきます。やわらかい筆で、はらいおとしましょう。

こまった！ 2　ヘチマ ゴーヤ

はっぱに白いこながふいたようになった！

「うどんこびょう」ですね。

うどんこ（白いこな）がついたようになる病気ですが、はっぱをとりのぞけば大じょうぶです。とりのぞいたはっぱは、すぐにすてます。近くにおいておくと、ほかのはっぱに、うつってしまいます。

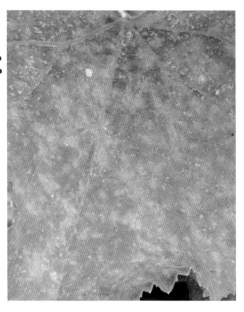

38

こまった！ 3 ヘチマ ゴーヤ めばながかれたのに みが大きくならない！

受粉されなかったみです。

ヘチマやゴーヤは、花がさいたときに受粉して（21ページ）、みがつきます。めばなは早朝にさいて、1日のうちにしぼみます。その間に受粉できなかっためばなは、みができずに、かれてしまうのです。

こまった！ 4 ヘチマ ヘチマのはっぱに あながあいている

ウリハムシが いるのかもしれません。

はっぱや花に丸くあながあいていたら、ウリハムシが食べたあとかもしれません。体がだいだい色のがい虫で、ヘチマやキュウリをよくかじります。かじられたところは茶色くなってしまうので、見つけたらすぐとりのぞきましょう。ゴーヤにはあまりつきません。

こまった！ 5 ゴーヤ ゴーヤのみが黄色くなった！

じゅくすと黄色くなります。

みはいつしゅうかくしようとしていたかな？　ゴーヤのみはそのままにすると、やわらかい黄色いみになります。じゅくしたみは食べるのにむきません。でも、たねのまわりの赤い部分は、口に入れると、ほんのりあまいあじがします。

●**監修**
塚越 覚（つかごし・さとる）
千葉大学環境健康フィールド科学センター准教授

●**栽培協力**
加藤正明（かとう・まさあき）
東京都練馬区農業体験農園「百匁の里」園主

●**料理**
中村美穂（なかむら・みほ）
管理栄養士、フードコーディネーター

●**デザイン**　山口秀昭（Studio Flavor）
●**キャラクターイラスト・まんが・挿絵**　イクタケマコト
●**植物・栽培イラスト**　小春あや
●**栽培写真**　渡辺七奈
●**表紙・料理写真**　宗田育子
●**料理スタイリング**　二野宮友紀子
●**DTP**　有限会社ゼスト
●**編集**　株式会社スリーシーズン
　　　　（奈田和子、土屋まり子）

◆**写真協力**
ピクスタ、フォトライブラリー

毎日かんさつ！　ぐんぐんそだつ
はじめてのやさいづくり
❻ ヘチマ・ゴーヤをそだてよう

発行　2020年4月　第1刷
　　　2024年11月　第2刷

監修　塚越 覚
発行者　加藤裕樹
編集　柾屋洋子
発行所　株式会社ポプラ社
　　　　〒141-8210　東京都品川区西五反田3-5-8
　　　　ホームページ　www.poplar.co.jp
印刷　今井印刷株式会社
製本　大村製本株式会社

ＩＳＢＮ978-4-591-16509-6
N.D.C.626　39p 27cm
Printed in Japan
P7216006

ポプラ社はチャイルドラインを応援しています

18さいまでの子どもがかけるでんわ
チャイルドライン®
0120-99-7777
毎日午後4時〜午後9時 ※12/29〜1/3はお休み　電話代はかかりません　携帯（スマホ）OK

18さいまでの子どもがかける子ども専用電話です。
困っているとき、悩んでいるとき、うれしいとき、
なんとなく誰かと話したいとき、かけてみてください。
お説教はしません。ちょっと言いにくいことでも
名前は言わなくてもいいので、安心して話してください。
あなたの気持ちを大切に、どんなことでもいっしょに考えます。

チャット相談はこちらから

毎日かんさっ！ ぐんぐんそだつ

はじめての やさいづくり

全8巻

監修：塚越 覚（千葉大学環境健康フィールド科学センター准教授）

1 ミニトマトをそだてよう

2 ナスをそだてよう

3 キュウリをそだてよう

4 ピーマン・オクラをそだてよう

5 エダマメ・トウモロコシをそだてよう

6 ヘチマ・ゴーヤをそだてよう

7 ジャガイモ・サツマイモをそだてよう

8 冬やさい（ダイコン・カブ・コマツナ）をそだてよう

小学校低学年～高学年向き

N.D.C.626（5巻のみ616） 各39ページ Ａ4変型判 オールカラー
図書館用特別堅牢製本図書

おしえて！かんさつカードのかき方

気がついたことや気になったことをカードに記録しましょう。

かんさつのポイント

① **じっくり見る** 大きさ、色、形などをよく見よう。

② **体ぜんたいでかんじる** さわったり、かおりをかいだりしてみよう。

③ **くらべる** きのうのようすや、友だちのヘチマともくらべてみよう。

右ページの「かんさつカード」をコピーしてつかおう。

かんさつカード 5月20日(水) 天気 はれ

だい ヘチマをうえたよ

2年 1組 名前 土谷ガク

ヘチマのなえを花だんにうえました。なえの下には丸いはっぱがついて、上にはぎざぎざのはっぱがついていました。くきの先は細くて、やわらかかったです。どのくらいのびるのかな。

天気

マークでかいたり、気温をかいたりするのもいいね。

だい

見たことやしたことを、みじかくかこう。

かんさつカードで記録しておけば、どんなふうに大きくなったかよくわかるワン！

かんさつカード 7月22日(水) 天気 くもり

だい つぼみと花を見つけた

2年 1組 名前 土谷ガク

黄色い花が10こさきました。よく見てみると、ぜんぶがおばなでした。花は手よりも大きかったです。めばなはさいていなかったけれど、つぼみが1つありました。いつみになるのかな。早く見たいな。

絵

はっぱ・花・みの形や色はどんなかな？よく見て絵をかこう。気になったところを大きくかいてもいいね。

かんさつ文

その日にしたことや、気がついたことをつぎの順番でかいてみよう。

かんさつカード 7月3日(金) 天気 はれ

だい 小さなみがあった

2年 1組 名前 土谷ガク

花がかれたくきを見ると、少しふくらんでいました。ゆびでさわると、小さなぶつぶつがたくさんついていて、おどろきました。「大きくなるとみになる」と、ヨウタくんが教えてくれました。

はじめ その日のようす、その日にしたこと

なか かんさつして気づいたこと、わかったこと

おわり 思ったこと、気もち